世界真奇妙：送给孩子的手绘认知小百科

太空

蟋蟀童书 编著　　刘 晓 译

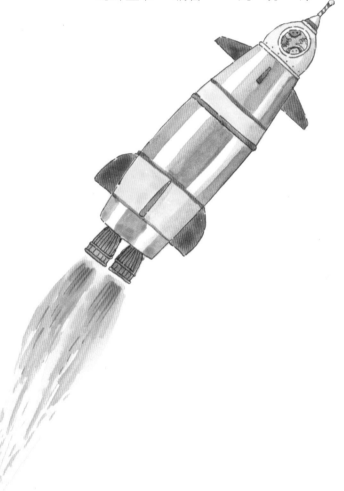

中国纺织出版社有限公司

图书在版编目（CIP）数据

世界真奇妙：送给孩子的手绘认知小百科. 太空 / 蟋蟀童书编著；刘晓译. -- 北京：中国纺织出版社有限公司，2021.12

ISBN 978-7-5180-6593-6

Ⅰ. ①世… Ⅱ. ①蟋… ②刘… Ⅲ. ①科学知识－儿童读物②宇宙－儿童读物 Ⅳ. ①Z228.1②P159-49

中国版本图书馆CIP数据核字（2019）第184132号

策划编辑：汤　浩　　责任编辑：房丽娜　　责任校对：高　涵
责任设计：晏子茹　　责任印制：储志伟

中国纺织出版社有限公司出版发行
地址：北京市朝阳区百子湾东里 A407 号楼　　邮政编码：100124
销售电话：010—67004422　　传真：010—87155801
http://www.c-textilep.com
中国纺织出版社天猫旗舰店
官方微博http://weibo.com/2119887771
北京佳诚信缘彩印有限公司印刷　各地新华书店经销
2021年12月第1版第1次印刷
开本：787×1092　1/16　印张：14.75
字数：250千字　定价：168.00元 / 套（全8册）

凡购本书，如有缺页、倒页、脱页，由本社图书营销中心调换

你好！太空

浩瀚无垠的太空，

一直吸引着人类去探索。

从伽利略、哥白尼，

到阿姆斯特朗、尤利·加加林，

每条探索太空的道路都充满了荆棘与坎坷，

同时也承载着人类对太空的向往。

随着科技的进步，

人类正渐渐地掀开太空神秘的面纱……

这只黏土毛毛虫身上满是伤痕。

别吃我！我是用黏土做的毛毛虫！

我才不会吃那种颜色的虫子呢！

假毛毛虫的悲惨遭遇

一些科学家用假的毛毛虫研究食物链，他们发现，毛毛虫，尤其是生活在热带的毛毛虫，每天都过得很不容易。他们用翠绿的黏土做了2900个毛毛虫模型，然后把这些假毛毛虫粘在世界上31个角落的叶子上。

几周之后，这些假毛毛虫就"遍体鳞伤"了。它们身上有被咬的伤痕，有被抓的爪痕，甚至有些的身体被穿了洞。科学家们想通过研究这些伤痕，找出伤害毛毛虫的"凶手"。他们发现，越是靠近赤道，毛毛虫身上的伤痕就越多。然而这些伤痕并不来自鸟类或哺乳动物，而是来于虫子，尤其是蚂蚁。

化了妆的

科学家们发现，在大西洋的一个小岛上，一些小鸟的脸非常有趣。埃及秃鹰和鸭子差不多大，它们的头部和胸部的羽毛都是白色的。但是这个小岛上住着一些红头发的秃鹰。科学家们猜测，是不是这些秃鹰的头上沾了泥土，所以变成了红色？又

茄子！

太空里的小伙伴

国际空间站里来了一位新成员，它不是人类，而是一个可爱的球形太空漂浮机器人。

Int-Ball是日本宇航探索局发明的一种球形无人摄像机器人，和棒球差不多大。地面上的工作人员可以远程控制在空间站里漂浮的Int-Ball。球形机器人可以记录宇航员的工作，甚至还能为宇航员分担一些工作，比如拍照或拍视频。因为为了记录自己的工作成果，宇航员们常常要花很长时间拍照和拍视频。有了Int-Ball的帮助，宇航员可以把更多的精力放在其他任务上了。但这需要宇航员不被这个小家伙分心才行。

秃鹰

看看这是谁呀！谁把泥糊你身上啦？

或者，它们自己把头发染成了红色？

为了寻找答案，科学家们做了一个实验：他们并排放了两个碗，一个碗里装着清水，另一个碗里装着红色的泥水。科学家们观察秃鹰会怎么做。许多

秃鹰直接把头伸进红泥水里，把泥蹭到羽毛上。一些秃鹰甚至在飞走后又飞回来洗了一次泥水澡。研究人员认为秃鹰这样做是为了向其他同伴传递某种信息，但这到底是什么信息还是个谜。

我巧妙的伪装可以骗过所有人的眼睛。

内斯特码头

杰弗里·艾博勒　文

夜晚，当你抬头看月亮的时候，它离你那么近，好像伸手就能抓住。但是如果真要去月亮上，你必须坐火箭才行。

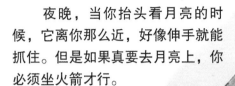

丽贝卡·博伊尔 文
马可·希克斯 绘

坐着火箭去旅行

火箭是什么？

中国人在 800 年前发明了火箭。早期的火箭像巨大的烟花。人们在一根管子里放满了火药就做成了火箭。在战场上，人们点燃火箭来震慑敌人。

火箭的运行原理是瞬间燃烧大量的燃料。当内部的火药燃烧时，火箭一端会喷出热气，推动火箭向相反的方向运动。

最终，一些工程师开始思考：假如火箭可以在陆地上飞行一公里甚至更远，那么它能升上天空，飞到宇宙中去吗？

如何才能离开地球

火箭要想摆脱地球引力，飞向太空，同时还要穿越厚厚的大气层，这就需要火箭以每小时40000千米的速度飞行。这个过程会耗费大量的燃料。

下一站，月球！

火箭知识小课堂

速率：形容你走得有多快。
速度：形容你沿着一个方向走得有多快。（速率+方向）

我们走！

这是罗伯特·戈达德与他众多火箭中的一支的合照。第一支把宇航员送上月球的火箭里包含了戈达德200多个创意。

20世纪20年代，美国火箭科学家罗伯特·戈达德用液体燃料取代火药，进行试验。每斤液体燃料燃烧产生的能量更多，这就减轻了火箭的重量，让火箭飞得更快。戈达德还发现了控制火箭的方法。他建议把火箭分成几个部分，这样的话，火箭也许就能飞到太空中去。

戈达德在离家不远的一块空地上进行了火箭试验。后来由于邻居们的抱怨，他就把试验搬到了新墨西哥州的沙漠上进行，他还一直在建造更大、更快的火箭。

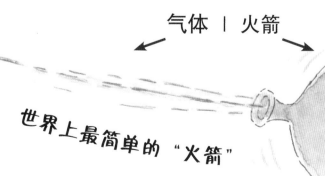

气体 ┃ 火箭

世界上最简单的"火箭"

通过给气球放气，你就能看到火箭的科学原理。空气从气球口喷出，推动气球向相反的方向运动。

登月竞赛

20世纪50年代到60年代，苏联（现在的俄罗斯）和美国竞争，想成为太空探索的第一名。1957年，俄罗斯成功发射了第一颗人造卫星，这颗卫星被叫做"斯普特尼克一号"。

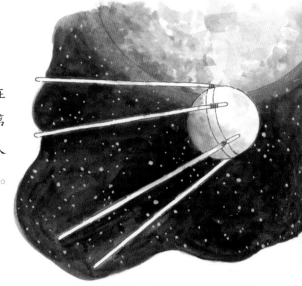

斯普特尼克一号卫星长长的天线，能够把广播信号传给地球的听众。

火箭知识小课堂

Delta V：字面意思是速度的变化。Delta是希腊字母"Δ"，科学家用这个符号来表示"变化"。为了摆脱地球引力，穿过大气层，火箭的速度需要从0变成每小时40000千米。

Δv=40000千米/小时

所以我们动物是太空竞赛的第一名！

每个人都渴望探索太空，但没有人知道地球生物能否在太空旅途中活下来。所以在人类进入太空之前，首批飞向太空的动物是老鼠、狗、小鸟、猴子、猫和兔子，甚至还有乌龟。

最后，这些动物成功地在火箭之旅中存活了下来，1961年，俄罗斯第一次把宇航员尤里·加加林送入了太空。1969年，美国宇航员首次登陆月球。

尼尔·阿姆斯特朗是第一个登上月球的人。

大火箭长长的身体里大多是燃料箱。在火箭发射的时候，主引擎和助推火箭同时点火。随着轰隆隆的巨响，火箭发射成功。

火箭升空

把巨大的火箭送入太空要耗费大量的燃料。其实，火箭长长的身体几乎全是燃料箱。燃料用光后，空的燃料箱就会离开火箭主体。最后，只有火箭顶端的一小部分能够进入太空。返回地球的时候就不需要火箭推动了，因为地球的引力会把火箭头拉回来。

火箭在不同的阶段燃烧不同的燃料。氢气是一种很合适的火箭燃料。在火箭内部，氢气和液氧结合后，能够喷射出大量的水蒸气。因为太空中没有空气，所以火箭里储备着氧气，这样一来，燃料在太空中也能燃烧了。

火箭知识小课堂

加速度：速度变化的快慢。假如你的速度很快，但没有变得更快，也没有慢下来，你的加速度就是零。（如果你的速度变慢，那你就在减速了。）

二级火箭的燃料用光后，也会脱离火箭，三级火箭开始点火燃烧。

最后，火箭终于抵达太空！最后一节火箭脱落，太空舱的太空之旅开始了！

当助推火箭的燃料用光后，就会离开火箭，掉回地球。这时，二级火箭的发动机开始点火燃烧。

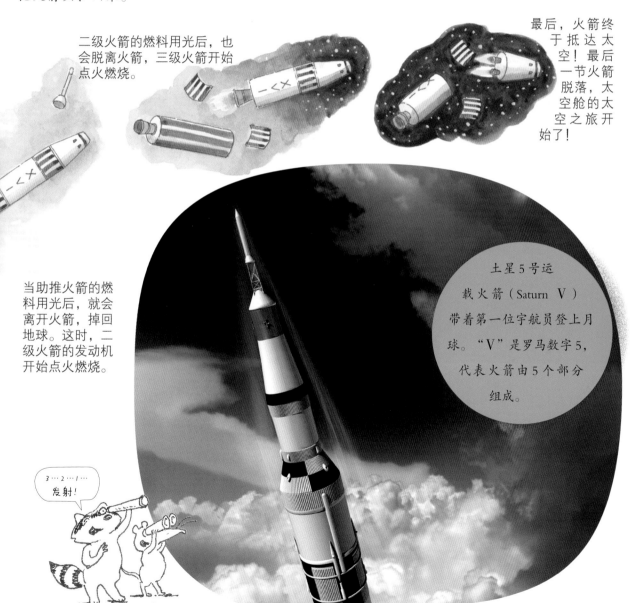

土星5号运载火箭（Saturn V）带着第一位宇航员登上月球。"V"是罗马数字5，代表火箭由5个部分组成。

3…2…1…
发射！

更大、更好、可回收的火箭

20世纪80年代，科学家发明了像航天飞机一样可以回收利用的航天器。

每次发射火箭都会把大部分的火箭丢掉，这样做成本太高了。所以，从20世纪90年代起，火箭科学家一直在研究可以回收利用的火箭。2017年，美国太空探索技术公司（SpaceX）成功地测试了一款火箭，它可以在耗光燃料后降落在一个平台上。他们希望这种可以循环利用的火箭能降低航天飞行的成本。

但是老式火箭的身影依然无处不在。俄罗斯联盟号运载火箭（Soyus）负责把各个国家的宇航员和补给品运送到国际空间站。美国国家航空航天局的一个宏大的火箭计划是建设太空发射系统（SLS），其功能强大到能够直接把飞船送去火星。

火箭其实就是一个装满燃料的大罐子，在制造的过程中不能出一点儿差错。所以，火箭科学家花了很多时间来测试火箭的每一个部分。太空探索技术公司许多早期的可回收火箭都没有成功着陆，在落回平台之前就爆炸了。

就像我们火箭科学家常说的那样：失败是成功之母！

从1981年到2011年，美国国家航空航天局的宇航员乘坐航天飞机往返太空。航天飞机长得像飞机，但还是要在火箭的帮助下才能从地球起飞。火箭助推器自带降落伞，在与航天飞机分离后，它们会平稳地落到地球上，被回收利用。航天飞机借助机翼，能够滑翔返回地球。

一起来认识一位火箭科学家吧！

希塞·哈尼是一位工程师，在美国国家航空航天局的马歇尔太空飞行中心工作。她从小看《星球大战》长大，梦想着能够实现曲翘速度。"他们在飞船上安装了曲翘引擎，无论你想去哪里，都能在当天到达，而不用航行好多年。这听起来太酷了！"她说。

目前，曲翘速度仍然只存在于电影中。不过，哈尼加入了新"太空发射系统"的研发团队。他们将制造有史以来最强大的火箭。

有一天，它将成为第一个把人类送去火星的火箭。

"如果我能开火箭，我想去月球看看。我想去看看我们留在那里的第一个脚印。"她说。作为一名火箭科学家，她非常清楚首次登月之旅是多么的困难和危险。

火箭知识小课堂

重力加速度：和正常的地球重力比起来，你所感受到的吸引力。

在地球上，正常的重力加速度是1g。但是在改变速度，比如车加速或者急刹车的时候，你也能感受到力。3g表示你能感受到的引力是地球正常引力的3倍，这就是火箭在加速过程中，宇航员感受到的压力大小。

未来的星际飞船

在太空中，你不需要建造大火箭。那里没有空气可以助推，引力也非常弱。只需要轻轻一推，飞船就能遨游了。

离子引擎

离子引擎通过发射高速的带电离子流来推动飞船前进。离子引擎虽然没有火箭的推力大，但一旦进入太空，离子引擎可以让飞船逐渐加速，而且不用耗费很多燃料。现在，许多卫星和航天探测器都装着离子引擎。

太阳帆

太阳帆是一块面积巨大、由一层金属箔组成的薄板，可以在太空中展开。太阳向四周喷射出一种肉眼无法看见的粒子流，形成了太阳风，太阳风推动太阳帆，继而推动飞船缓慢前进。

在2010年发射的"伊卡洛斯号"航天探测器，就在太阳帆的帮助下绕着金星运转。在发射过程中，太阳帆是折叠起来的，到了太空后，太阳帆才能展开。

风能！

光能！

火箭知识小课堂

失重：进入太空后，宇航员能在飞船里飘来飘去，但这并不是因为飞船里没有重力。重力无处不在，就算到了太空也不会消失。其实，他们只是感觉不到重力了，因为宇航员跟飞船一起以同样的速度绕着地球做平抛运动，运动轨迹正好和环绕地球的轨道重合。

奇思妙想

目前为止，其他的航空引擎还只是个设想。有人提出用放射性岩石的热量产生的气流推动飞船前进。一些火星车用核能驱动，美国航空航天局的科学家正在研究如何用核能驱动太空飞船。

会不会有一天，飞船通过在尾部发射小型炮弹，来推动自己前进？

一个不同寻常的想法是制造核脉冲引擎。在飞船的尾部引爆小型炮弹，让冲击波推动飞船前进。当然，如果能找到一种安全的办法来实现这种想法，人类的飞船只需要几百年就能飞到其他恒星去了。

在遥远的未来，人们可能会利用反物质来驱动航天器。反物质是正常物质（构成世界万物的物质）的反状态。当反物质碰到正常物质，它们会发生大爆炸，释放出巨大的能量，足以推动飞船前进。但目前为止，科学家们只制造出了很少的反物质原子，所以没人能确定这个想法能不能实现。

另外一个异想天开的方法是用小型黑洞来驱动飞船。黑洞会释放反射物，我们可以用某种方式利用这种反射物推动飞船。

火箭知识小课堂

舱外活动（EVA）：出舱活动，也叫太空行走。

超光速（FTL）：比光速还快。目前只存在于科幻小说中。

不过现在，反物质引擎和黑洞引擎都还只是不切实际的想法。但话说回来，800年前，谁又能想到人类现在可以坐上火箭去月球呢？

这就是你的引擎吗？

轮机舱

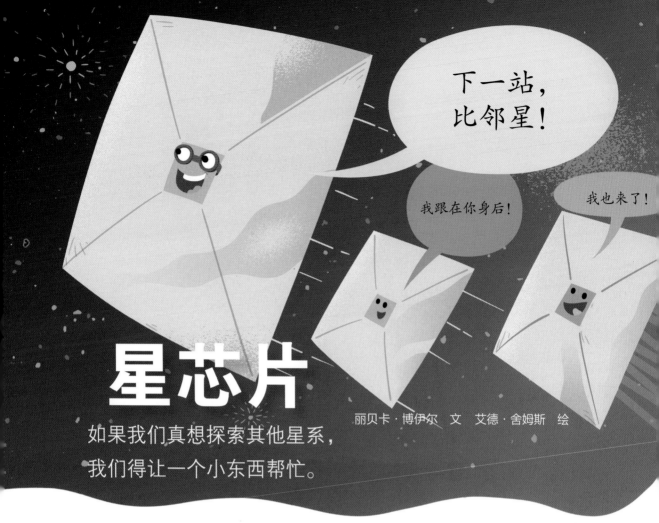

星芯片

如果我们真想探索其他星系，
我们得让一个小东西帮忙。

丽贝卡·博伊尔 文　艾德·舍姆斯 绘

靠近我们的恒星是比邻星，即便如此，它离我们还是非常遥远。科学家们想近距离观察比邻星和它的行星，但目前为止最快的宇宙飞船也要飞7万5千年才能到那里。这也太久了吧！

一个科学团队提出了一个计划，可以让我们更快飞到比邻星，那就是发射一组微型探测器。为什么要做成微型呢？因为东西越小，就越容易让它加速。科学家们希望这一枚邮票大小的星芯片可以在20年内，快速飞到比邻星那儿，拍拍照片，收集数据。如果那里真的有其他生命的存在，星芯片也许能发现他们，并向他们送上来自地球的问候。

每一片星芯片都有一个微型摄像头、推进器和感应器，它们身上还装着野餐布大小的太阳帆。考虑到一些芯片可能没办法顺利到达比邻星，这个项目发送了很多星芯片进入太空。

乘光飞行

"突破摄星"团队希望它们的微型星芯片能够以每小时2.16亿千米的速度高速飞行。目前还没有任何火箭能飞得这么快，所以这些芯片只能利用光线飞行。

火箭一次性把所有的星芯片送入太空，然后每片芯片会展开自己亮闪闪的太阳帆。地球上的激光阵列会发出超强激光，推动太阳帆快速前进，只

阳帆，而且微型摄像头必须要拍出非常清晰的照片。最后，科学家们还要想办法让照片传回地球。所以他们还有很多工作要做。可是，一旦成功，手机星芯片将会成为第一批遨游星际的旅客。

需要短短两分钟，就能帮助星芯片到达月球。

每一个探测器的计算机芯片和手机芯片差不多。这项计划最复杂的部分是激光，因为激光必须要提供很强的动力。科研团队还需要发明一种既轻巧又坚固、反光性极强的材料用来做太

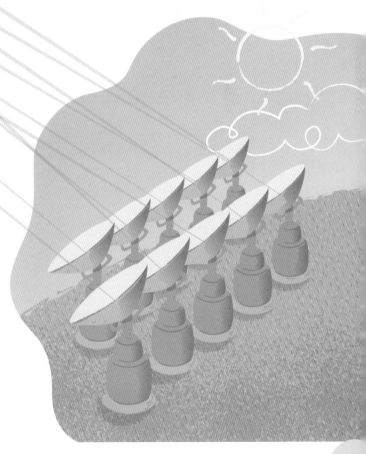

曲速引擎和虫洞

戴夫·克拉克 文

在电影里，只需要几分钟，宇宙飞船就能穿梭于不同的星球之间，或者一眨眼的工夫，飞船就到了另一颗行星上。现实生活中，我们也能做到吗？这个……不太可能。但是想象一下也挺有趣的。

无论宇宙飞船飞得多快，它们的最高速度是有限的。宇宙中光的运动速度是最快的，它每秒能跑30万千米，这就是宇宙速度的极限了。这条定律是宇宙的组成部分之一，没有什么能让它改变。

光速已经非常快了，但是在浩瀚的宇宙中，从一颗星球出发，即使是到最近的一颗恒星去，光也要花好几年。宇宙飞船需要的时间就更长了。

太空中如此遥远的距离为太空电影制造了难题。

我们到了吗？

宇宙大得令人不可思议，这一点你可能很难理解。你可以参考这份旅行指南，看看你需要准备多少零食在路上吃。

纽约（从芝加哥出发） 1290千米					
火星 2.25亿千米					
比邻星（最近的恒星） 41万亿千米					

　　科幻小说家想出了很多聪明的点子，让故事里的人物移动得比光速还快。你只需要一个曲速引擎、虫洞或者一台传送机！我们以后能在现实生活中见到这些东西吗？不太可能，因为它们违反了自然定律。但是谁也说不准。

曲速引擎

科幻

　　整个宇宙中，任何事物移动的速度都没有光速快，但如果你让太空自己动起来呢？我们只需要发明一种方法让飞船后面的空间膨胀，压缩飞船前面的空间，就像弄皱一件衣服，这就是曲速引擎的工作原理。

　　飞船像是一个被卡在弹簧里的小球一样移动。当你压缩弹簧，小球就在你手中，如果你放开弹簧的一头，小球就会和弹簧一起移动，远离手掌，但小球在弹簧上的位置没有变化。弹簧就像是太空，而小球就是飞船。

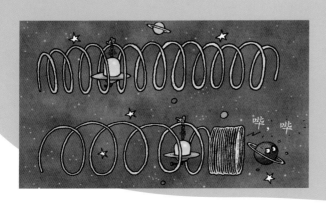

哔，哔

科学

　　出乎意料的是，一些科学家发现这个想法可以实现（只是理论上）。但为了把理论变成现实，需要用到一种奇怪的东西：反物质。如果把反物质放在秤上，你放得越多，它的重量越轻！目前，还没有人知道这种物质是否存在，也不知道如何能找到它。就算真的有反物质，弯曲太空也要耗费一整个行星的能量。并且太空褶皱可能会炸掉你想去的那颗星球！这就糟糕了！

　　但是如果你能解决这些小问题的话……

虫洞

科幻

那通过虫洞来遨游太空呢？虫洞就像是太空中弯曲的重力通道。假如我们能够进入一个虫洞，我们就可以抄近路，去宇宙中的另一地方。

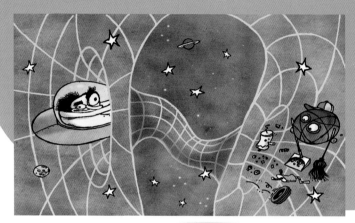

科学

虫洞是一个有趣的数学理念。但目前还没有人见过虫洞，所以我们也不知道它是不是真的存在。

如果虫洞真的存在，虫洞周围会有很强的重力和能量场。飞船进入虫洞后可能会粉身碎骨，变成原子，或者完全蒸发。从虫洞另一端出来的可能不是你的飞船，而是你身体的一部分碎片。所以，还是先让虫子试试吧。

瞬间传送装置

科幻

好了，我们不坐飞船了！为什么不把自己变成一堆粒子，然后穿过太空，到目的地再重新组成我自己呢？

科学

哎呀，传送身体里所有的原子和传送一个人一样慢，因为所有的原子加起来和身体一样重，而且你还要找一个盒子把原子装起来，然后放进火箭里发射，否则一些原子会走丢的。最后一个问题，谁能帮你组装身体呢？

你也许可以记录下每个原子在身体里的位置，然后用光信号把这些信息传出去。这样，其他人就能利用这些信息，在你的目的地重新组装你的身体。但这还是以前的"你"吗？

电影中的科学

索尔·威克斯特龙 绘

假如拍电影的工作人员想知道怎么冷冻甲烷，黑洞长什么样，他们该怎么办？"快，去找一位科学家帮忙！"

米卡·麦金农是加拿大的一位地质学家和物理学家，她还是一名好莱坞的科学顾问。我们采访了她，了解了她的工作内容，并让她分享把电影变得更科学的感受。

 你为什么对科学这么感兴趣？

 小时候，我看了无数遍《星际迷航》。我自己是个科幻迷。但当我问妈妈为什么天空是蓝色的时候，她总是鼓励我自己去思考、研究，最后找到答案。所以我明白了，随时随地你都能探索科学。

 你是怎么开始为电影工作的呢？

 有一次，一个电影公司来我的大学里找一位"弦理论家"（一种原子科学家）。我了解到他们找"弦理论家"是因为他们觉得这是最聪明的科学家。我就对他们说："你们不需要什么弦理论家，你们需要我！"所以我就成了他们的科学顾问。在多数情况下，我是他们见过的唯一一位科学家——或者是他们认识的唯一的科学家。科学家们就是这么"狡猾"！

你在拍电影的时候都做些什么呢？

一开始，我在电视剧《星际之门》的道具组工作，那里负责管理演员们在电影里要用的所有东西。有时候我还会帮工作人员布置场景，做一些特效。编剧和其他遇到科学难题的同事们都会让我帮忙。

后来，我到了一家电影公司工作，负责给电影故事出主意。有一次我还把我的物理笔记本借给了乔治·克鲁尼。

没错，就是这样，让电影看起来更科学些吧！

到底什么是弦理论？

大多数科幻故事的主题都是"假如……会怎样"。假如光速不同会怎样？假如我们在火星上有一片殖民地会怎样？假如一眨眼的工夫，我们就能到其他星系上会怎样？我发现写故事的人如果在提出这些问题后，得到了科学的回答，就能写出精彩的故事。

如果电影犯了科学错误会让你感到烦恼吗？

如果出现了科学方面的错误，我会感到沮丧。但科学的主角并不是一个无所不能的孤独的天才，而是一个相互帮助解决难题的团队。所以，当看到一名电影科学家自认为是孤独的天才，

$$S(1;...;n)=\sum_{\neq I}\frac{e^{-\gamma x}}{\eta R}\int_{xy}$$

幻故事有意思多了。比如一些微小的细菌可以吃砒霜和粪便，这都是真实存在的生物！金星喷发的气体形成了它的大气层，那里到底发生了什么？世界上还有很多不可思议的奇怪现象。所以，讲真话能够让一个人大开眼界。

 谢谢！期待在电影中和您相见！

什么都是单打独斗的时候，我就会想"你不可能在科学方面取得成就，因为不会有人想和你合作"。所以，如果我的同事犯了科学错误，我不会生他们的气，但如果他们不理解科学家的工作方式，我会不开心的。

 为什么科学知识对一个虚构的故事来说那么重要？

这也是我最初的疑问之一。一位编剧告诉我，只有尽可能地让故事看起来合理，才能让每个人都相信你编造的世界和故事都是真的。这能让编剧写出更精彩的剧情。

我认为真正的科学比科

在火星上你能跳多高？

电影《太空》场景7

马尔文和他的朋友们

索尔·威克斯特龙　绘